Puzzle 1

				2		5	6	3
				3		1		
					6			7
5	8							
			5			4	1	8
				8	3			
	5	9				3		
	1		9	7				4
7		3		6		2		

Puzzle 2

				5				
6		7		3			1	
			7			8		
		1	8			2	5	7
				6	7		9	
			2					
			3		8			4
8	1	3	9	7		6	2	
			9	6				3

Puzzle 3

4	5	9	6		8	1		
2	1	6	9	4	7	8		
			2	5	1	9		4
		2	1	8		7		
	8	7	4	6			9	
					9			1
6	3		8			5		9
7	2	4				3	1	
	9						4	

Puzzle 4

	1							4
9				7	1			2
				4				
8		9		6				
6							9	5
			9				7	3
	8				9		4	
2	6					5		
			8	5	4			

Puzzle 5

			3		9	7	5	
	5	9		1		3		
7	3	4	6					1
3		6	5			4	1	
			6	4				2
2	4	7				6		
			7	6				9
				3	6			
4			8			1	7	

Puzzle 6

	6							
		1	4	9			8	
			5		7		9	
			1					2
		6	8	2				4
3						9		8
1		9			3		7	
4				8	1		6	

Puzzle 1

3					6		5	
4				9	7	2	1	6
			4	5			3	8
		4			5		2	9
	8	2			9		6	
			8		4	1	7	
		3						
		1			3			5
8			6			9	1	

Puzzle 2

9	8		1	4		6	3	
2			8		3	7		9
7	3		2		6	5	8	
	7							5
	5			2		1	6	
				7				
		4	5				7	
		7				3	9	1
	1			3		4		

Puzzle 3

7	2		9	8	5		1	
		1				8	4	
		8			1	7		
			2			8		
8	1	2			4	9	6	3
			8		6		7	
		6		4				
2		5		7	1			
3	4	7					2	8

Puzzle 4

3								
		1						
8		2	6	7			3	
		3		8		4		
		8			4	5	6	
4	1	9				2	8	
	2		7		6			
			1	3			9	2
	3	6	2					

Puzzle 5

			6			9		
8	6			2	9		3	
	5	9					6	
	8		4		5		1	6
4		1					2	
	9	6						
				3				2
	7							
			8	6	2	7		

Puzzle 6

8							5	
					3	7		
		2		1	7			8
							3	
1	3			9	4		8	
4			3			5	9	
		3	4			8		5
			5	3				
	7							6

Puzzle 1

	3		9	6		2	1	4
2		6	5			9		
				7		6		8
6		8				4	7	
4	2					8	9	5
7	5	1	4		9			
8		2	1		5	7	6	
3			8	2			4	9
1		9	6	3	4		8	2

Puzzle 2

		2	7	3				
6					8	4		7
	8		6				3	9
						5		
	7	1				9		
					2		8	
2			8		9		5	
3				6	5			
4								

Puzzle 3

7			4	6	2			
				9			7	
	5		1	7	3			
				7	5			
			1			6	2	
4	2							7
1								
8		6				2		5
9	4	2			5	8	1	6

Puzzle 4

	5	3				1		6
	8					3	5	2
		6					9	4
3				1		5	6	7
2	6	5	3		9	8	4	1
		1				2	3	
		8		6		4	7	3
		2				9		5
7	9		5	3		6	2	8

Puzzle 5

8			3		9		4	
			2	7			9	5
	2						1	8
5	8	3		2				
7	4	2			5			
					3			
		8	1			9		
		6	4				2	
		4			6			

Puzzle 6

4	7		1		9	6		2
	3	2	7		4	1		5
								7
					8		6	
1	9							
3		6	9	4				
9	8				2			
	4			5		3		9
5			3	9		8	2	4

Puzzle 1

			2					
3	4				9	2	5	
		8		1		7	3	
	7	1						
4	3	9						6
8					2			
6				2		5		3
7	1		5					
5		2		7	6			

Puzzle 2

2					6			
		6			4	1		
					3	4		
			8					9
	8						3	1
	4	7						
	9			5		3		
4		1		3	9		5	
		3	6				2	

Puzzle 3

3			2					1
		6	1		9	2		
				6	8			
				2		4		
	4						6	3
	9	8			4			
		1						8
	6			5			1	4
	7			8		3		

Puzzle 4

	8	5			9		6	2
		2				8		
								7
	9		4	3				
		8		9			1	
5					6		4	3
4	7			5				
			9		8	4		
		1		7		6		

Puzzle 5

					6	2		8
	3			2	8	6	1	
			1	4		9	5	
2	9		5				7	
	4				9	5		
		7					9	
9		1	8		4		6	5
	6		7				3	
			1		8			9

Puzzle 6

	6				3			
7			8				3	
	3	8	2					
	9			8	1	3		2
			4		9	1		
			7				5	
		7						
		6	5		4			1
	1				8			5

Puzzle 1

4	6			1				
		2					5	7
	9			2		8		
1	8	6		4		9	7	
	5	9					6	
								3
				4	7			6
6		1						
			3		6		9	1

Puzzle 2

5	3				4			6
2			6		9			3
		1		7		5		
8								
1	5		7					
	9	7	1	8				4
	4		3			7	8	5
				6			3	
	8			2				

Puzzle 3

4	1		8					6
		7	2	4		1	8	
		8		6		9		
8	3		4			2		
		6			5		9	3
			9			4		
5	9							
6	8	1		7				
3	7			9				8

Puzzle 4

				1	8		5	
	9	6				2		4
1						7		
	1	4						
8						4		
2	6	3	9	5				1
		5	8	2				
3						5		9
					5		2	4

Puzzle 5

	9							5
			6	5	4			
						6	4	
4	6				3		5	
	5				7		3	
3		7						
7					2		4	
	1	6	3	4	5		9	
5					1	6	2	

Puzzle 6

			5	6			2	
8			9	3				
							3	6
		1			5	3		4
3			6		9			1
		2	3				6	8
4				5				7
			8			1	4	
		8	7		3			2

Puzzle 1

				4				5
6	9						3	
3							9	
		9			6	5		
			2		4			
5			1					2
			4					8
1		4	5			7	6	3
			3	1		4		

Puzzle 2

				3	7	4		
9	7				4	1		3
				9			5	7
			1	7	3			6
		8				9		2
			9			5		
8			3	6	5	7		
		3	7	4	2		9	
6				1		3	2	

Puzzle 3

2								
			4			9	3	
			1		6			7
		5	7		4		8	
3			5	8				6
		6			1			2
4								
		9			7		5	8
			9		1			

Puzzle 4

6	5	2	8	4	9	3	7	1
				2			4	
7					5			
	1		2					5
8			1	6	4			3
2	6		3		8			
	7		9	3		2		8
1			5	7				4
				8	6		3	7

Puzzle 5

9			6	3				
	2							9
4		3			5	7		
3			7		1		6	
			9			1	4	
2					3			7
	3		8		2	4	9	
7				4	5			8

Puzzle 6

	2			8	1		4	
1		6	5	7		2		9
4		3	2				8	
8		2		3	5	9	7	
	3		4	2	7		6	
	4			9	8			2
7	6	1	9		3		2	
			7	5		4	1	3
	5		8		2			7

Puzzle 1

8	7		1			4		3
		6		8				9
		9		7	2		6	8
5	8	4	2	6			3	1
3	9				1			6
		1			3			
2		7					9	5
6		8		4	2			
		3						4

Puzzle 2

	2							
				8		7		
							2	5
9			3	2		1		
4	6		1			2	5	
2	7		6			8		3
	3	9		4		6		2
				5			1	4
	1	4		3			9	

Puzzle 3

	4	1		9	5	2	8	
5	2	8	6					
9			8			1	4	5
						5	6	4
	5	2			6			3
		6			4	9	1	2
3			5	6		4	2	
				2		7		1
2			1		7			

Puzzle 4

	5	6	4					
			9					
3	7		2	8			1	
6					4		9	
	1	5				8	3	4
9	4		3	5	8		2	
				9			4	8
					1			
			5	3		6		1

Puzzle 5

9	6		5		3	8		
	1	2				9		
		5	4	1				
			3		7			
6	7							
			7		5			
			2					4
				7	9			
	3			8		1	6	

Puzzle 6

	2		1			9		
9			7		3			
		8	2	6	9	5	4	
2	6				7	8		5
8			6	3				2
4	1							3
		4		2	8		7	
	3			4	1	6	5	8
	9			7			3	

Grid 1

		8					1	
5		4		3	8			9
	7	2	1		4	5		
			2	1	7			
4		7			5	8		
	8			2			5	
7								8
3		5	7			6		

Grid 2

8	2	4			5			6
					2	7		
7		1					2	
4						1	5	
3	7		4	9		8		
				2	6		7	
1	4		2				3	8
					4		9	
		3	6			2		

Grid 3

3		4	6			5	8	1
9	5	1			3			
								3
4				1	7			8
8						2	9	
5	2			3		6		
			3	9	2			
2	4	5		7				
			5					2

Grid 4

		1	9					
	6	8	4					1
2	7			8			3	6
4			8		9		6	
6	5		3			8		
			6	5	7			2
			7		1		2	
	4				3			
1			2				7	

Grid 5

	3	2	1	6	9	4	8	5
4	1							6
8					7	2	1	
	2		8					
				1		8		
	7				6		2	
2		7			6			8
9	8		6		4			
1								4

Grid 6

2			3	9		1	7	
4			7	1		8		3
			8			9	6	4
7		8			1			2
		2	4		8			9
					7			8
	6		2			3	4	1
	5	1		4	9			

Puzzle 1

9								
8			4	6			5	
		2			8			4
		1		3	4	7	8	
					1	3		2
	2					4		5
2	3			4		6		8
					7		2	
1	6							

Puzzle 2

1	4	8				3	5	
7			2				6	9
			3					
				9				5
	7		8		1			
	9	5	6		7		1	
				3			8	6
			7		9	4	2	1
						9		

Puzzle 3

5	7	6		8		1		
		2		6	8			7
								9
	6	5				7	1	
3		7	2					4
	4		5	7	2			3
	1	8	4		3			5
	2	3		5				
	5		3					

Puzzle 4

				8		3	6	
6		3						8
	8	4	3				7	
	2						8	
	7		2	5		1		
	3	5						
5	4				6		9	
		2	4	1	9			
			5		8			

Puzzle 5

			2				1	
2	9		1	6			8	4
6	8	1	7			9		3
9				1	5			2
		4			7	1	3	
			8		6	7		5
			5			2		
						8	7	9
		1			7	2		

Puzzle 6

			8			4		
7					2		8	
1						2		
		2	3		5	8		
	1	5		9				
3		7	4				6	
	7	1		5				
								7
2	6	8	7	3		1	5	

Puzzle 1

3	7	1			5			
	8	9		2			7	
			4		7			3
		3						2
			5	9		4		
8			2			6		
		8			1	6		
		2						
	9			7				

Puzzle 2

		4		5			6	9
5								
	1	6	2					
	7			9	5		1	
	2				4			
		8						
			4	6				3
	3					2	7	
7								5

Puzzle 3

8			1	5	9			
5			7					
	3	7	6				2	5
	8				9			
	7		9		6			2
1			8	7				4
	6							
		8	2				5	9
2	9			8	1	7	6	

Puzzle 4

				4			2	
			2		3			
	2	7	1		6	3		
	9	6	5	3				
2			4				6	
	5							
						8		6
	1		3		5			
8	7			1			4	

Puzzle 5

7								
		3	6	7				8
	5		8				3	6
6		8			7	9		4
				9				3
2			5		4		7	
			2			3		
3	4			5				
8					9	1		

Puzzle 6

	4				1		5	2
	2			3	4		9	7
6		8		5		1	4	
		6			7			
	8	1	3	9		5	6	4
				4	6	7	3	8
9				6	3		8	
		3		1		4		
8				2				

Puzzle 1

1		4					3	
8		2			5			1
7		3		9		2		
2	8			3		6		
		7		5	6			
				1				
3				2	4	7		9
					1			
	2	6				8	1	4

Puzzle 2

	6	3	1		7		9	
	5			3		7	6	
9							4	3
						8	2	
			9	7		6		
	2			4	5			
		7	3	9			5	1
		4		5				
					8			9

Puzzle 3

		6			9		1	
		7		3	2	9	6	4
9	5		1	4		2		
			9		8			6
	6		2		3	4	9	
1	3							8
4				2	1	6		
				9		1		
6				5				

Puzzle 4

8						3		6
	6	3	2					
	1	5	9			4		
9		7	3	2	1		6	4
1	5						3	
			5				7	
								2
3	4						5	9
7	2	8	1		9	6	4	3

Puzzle 5

		8				7		9
		2	9					
4			6		8	5		
	4	3	7		6	8		5
8	9	6	1		4			2
7	5	1			3		4	
9	2				1	6		
6		7		2				
		4		6	9	2	5	7

Puzzle 6

9				7				
6	1	7	8					
2	3			9	5			
	7			8	2	9		1
8	4		9	5			3	
3	2							
1	9			6		5	2	
	5	2			8	3	9	
7			5	2		8		4

Puzzle 1

	2	4				7		9
	9	7		8			3	
5	3				9	8		
			9			5	8	7
	5	9		2	8		4	3
		3		4				
	4		1					8
3	1					6	7	
				6			1	

Puzzle 2

		1				5	4	
	7	5			1		2	6
4	3					7		8
	1				5	4	3	
	4						5	
			7	2		9	6	
5			2					4
				4			9	3
8		4	3		9	2		

Puzzle 3

1			7			3	6	5
								1
5		7			1		9	8
		5		3			1	
9	6	1	5		7	8	2	3
8		3	9	1	6	5		7
	1	8	4				3	2
		6		8	2		5	4
2	5	4				1		

Puzzle 4

	4				8		2	
		6	5			8	1	4
5			3		1			
				3			9	1
	5				2			
1		3		6				8
			9					
8		9	4			5	6	2
4		7			3	1		

Puzzle 5

			1	7	3			
2	6	3	9		4			
	1		5					7
	9					1	6	8
			8		3			
	3			9				
8		5		4				6
6			8					

Puzzle 6

		2	7	1	4			
7	3				6		2	
	4					9		
	8	6					3	7
		4			2	5		
3		7		8				4
8		3			7			5
		1	4		8			3
4			6	9	3			

Puzzle 1

				1		4		
	5	9		6				3
		8	9		2	7		
		5				1		
8		1				5	6	
6	7					3		
				3			4	
		4			7			8
	8		6			9		1

Puzzle 2

		3		4				
	7			6	9	1	3	
	1				8	5		
	9		5	2		4	1	
	3	5			4	7		8
1				8			6	
3			4	9		8		
7						3	4	9
4		9		7				

Puzzle 3

5	6				1	2		
	4	1		9		7		5
	7	2		6	5			
	3	4		9	5			8
		6			4		7	2
2		9	5		8		4	
	2	5					9	
		3		8				
4				5	6			

Puzzle 4

	6			4	9			
9	1	7			3	4		
8				6	2	7		5
	8		3				4	9
				8	4	1		
	9		6	2				3
5	7							
							8	
			4		1			7

Puzzle 5

				3	7		2	4
	4			8	5	6		
			4		7			
			8		9			
				4				1
7				6			4	
6	7					5		
4	2	8	9				1	
		1		7	8			

Puzzle 6

	6			1	4			
1	4			6	2		5		7
					7		1	
			4					
		2			5			1
5				1			6	9
		9	8				7	
	8	7	9				4	
			3			8		5

Puzzle 1

7		6	1				4	
		2		6			7	1
	3			5	7		9	
					2			
			9				6	
		9	3	4				
	6	8		1				
		1	2	3				
		5		7	8	1	2	

Puzzle 2

					8	1		
	6	9	1	7	4			3
7		5				4		9
		8	4	2				
	4	3					1	5
9		6	3		5			
		7	5	4	1			8
6			2			3	7	4
			7	8	6	2		1

Puzzle 3

2								
	7		3	6			1	9
3					8	6		
		7	8	3		2		
		2	6					7
4	3	5		2			6	1
			2			3		
9	6		1					2
							4	6

Puzzle 4

			5		1	7		
1	9	6						8
		7	9					1
	1	9	6		5			
	3	2		1			5	
			3	7			1	2
		4				2		5
	5			4		3		7
6		8	7	5	3	1	4	

Puzzle 5

6	9	1			2	5	3	
5	2	4		3	1	8		
			6					
			5		3	1		9
1		3	2		9	6		
	4				8	2		
	3		4					8
			9		4	5		
4				2				

Puzzle 6

				4	7			
6				2	9			
						2	5	7
	8		2				7	
	5					6	4	
9	7			5	3	1		
	3	2				8		5
5						3		1
		1						

Puzzle 1

					9			
	6		3					2
	2	7					3	4
	7	8		4			6	
9			7		6	8		3
1								
					5			
			9			4	8	7
	9			7		2		

Puzzle 2

5				9	2		8	
2			7			9	6	
		9				8	3	
		4			3	5	9	
							2	4
			4			8		
8		3						5
4								
			2	3	7	1		

Puzzle 3

3			4					
		6				2		8
9	5			2			4	
1	6				7			
			8					2
			3					
	2		6		1	8		
	4			3	9		2	
	9					3	1	

Puzzle 4

	7	9					8	3
	2		7	8	3			
	3					5		
		4	8	7		3	9	1
		1			4	7	5	
3			6			4	2	
	9		1	2				4
8	4		3	9		1	7	5
	1	3	5		8	9		2

Puzzle 5

						3	9	
	9				5		4	1
			6			2	7	
9		1						4
	5	4	9			6		
		2						
				7				9
	1			4		2		
	4				9		6	7

Puzzle 6

7						2		5
2				9				
6	9	1	8					
	2		5			8		
1		9	3		2	5	4	
	5	6						
9				5	6	3		
5		2	1	4		7		9
4		3		7	8	1		2

Grid 1:

			1		9		3	
2	1	6		3	5	9	8	7
		9	6					2
1	6	8		9		7	5	
	7		3		6		4	
		4			1		2	
							6	
		1	9			2		4
			8				9	

Grid 2:

	5	1				4		
8				5	7	6		
7	4	6		9	8	5		3
			3	2		7	5	
	2		4			3	9	6
	6	8	9			5	2	
1			5	2	6	8		
							6	2
6	7			1			4	3

Grid 3:

2					7	4		
		5						9
5		2	4	1				
9	6					1	5	3
		3		6		7		
	5	1		4			9	8
			3					
7			6	2	9	5		

Grid 4:

	8			7			2	
	5			1		9	7	8
	7				5			
7	6		5	2		8		9
			9				4	
9					8			
8			1				6	7
		5			7	3		
1			3				9	

Grid 5:

		6			4	1		
			7	6	8	5		
7	9	5						
			7	1			3	
			4			7	9	2
5			1			4		
	7					3		5
4			6	5	7			8

Grid 6:

			8				9	1
	7	2	1		6	4	5	3
9					3	7	6	
2	4	7		3			8	6
3	6							7
					2	9	3	
7	2	1	5	6	8	3	4	
		3	7			6		5
	9		3	1	4	8	7	2

Puzzle 1

		3		4	6			
		1			8			
	9		5				3	8
			7			8		
3	5	8						1
	4		1			9		
						6		
			6			7	8	4
6				2	4			

Puzzle 2

		1				8	7	
6		9	8		7			2
7		4		2				
4	2	5	1	6	3	9		
3		8	9	4		2		
9	1		7			3		4
			3	9			1	
1		3	5	7	8	4	2	9
	9	7	2	1			3	

Puzzle 3

5		1	7		9			
	4	6		8			7	
7	8		4		2	1		5
8	3	5						6
			3					
6			5	1		7		3
	1		9	2	3	5		
			6			3		8
		3	8	5		4		1

Puzzle 4

		9		2	1			5
			6	4		7		1
		3			7	4	8	2
			9		5	6		7
	3					9	2	
6			2		4	5	1	8
3	8		7		2		4	
	7		4	6	9			
	5		3			2	7	6

Puzzle 5

4	9		1	8		7		
		8	6			4		
	3						8	9
	4		8				3	2
	8		5	6			4	
	2	5		3	7			
				1	2	5	8	
7			3	4	8			
						3	7	

Puzzle 6

	2	5	7	6				3
6			1	2		5	4	9
		1	5	9			6	2
7		2	4		1	6		5
			9	3	5	2		
	8	3	6			2	1	
	5				6		2	
2	6	7		4			5	
		4	2					6

Puzzle 1

		3	1			7		
	4		3		5			
8					7	2		
1			6				2	
6			2		3			7
3			7		9		8	
		8						
5	7	6			2	8		3
2				7			9	

Puzzle 2

			7	1	2		6	8
3			4					
1	6	7	5	3	8			
4		9	6			1	7	2
		1	3		4			6
2	8						3	
8	4	5				6	2	
	7							
9		2	8		6			

Puzzle 3

5	2			8				
			5			7		
3	1			4		8		
	6						8	1
		1		3		2	4	7
			7			5		
		5			4	1		
		9				6		
1			2	7	5			3

Puzzle 4

3			9			2	6	
6		2			4			9
				6				3
		6						7
5	7	9		8				
2					1	5		
		3			6	9		
	4				8			
9			1			3		8

Puzzle 5

		9	6			4		3
6		4						
7			5		1			
	7	8	1		3			
								2
			7		6			4
2		7	6	4	5			
9	3							7
			2	7				

Puzzle 6

	4						9	
		5			4	3		
	8		5		9			1
			8					4
4		9	3		5	1	8	
	3		2					
		6	4	2	3			
	5	7						3
3			1			8		

Puzzle 1

3			7	2		1		9
8					9	5		
		5		3	1			4
4	8	3			2		5	
1			5		4		7	8
							1	
6				4	3			
	4							
			5	7		4		

Puzzle 2

				6		2		
			1				4	7
	6		8					
	1			5			3	
4			9		7	1		
	2							
1	7			3		8		
		9		2				
		3	4		1		2	9

Puzzle 3

				4	1			
6			8		3			
			6	9				
		7						1
4	5						3	6
9			4					2
		4	9	5	2	7		
	2						5	3
	8			3				

Puzzle 4

5	3	1			9		7	2
9	7	4						8
	2				7	4	9	
	8	6					2	5
2		9				8		
7				8		9		6
	6	5						
8			7	5		1	6	
		7		6	2	5	8	9

Puzzle 5

4	5				9		3	
		6		5		4		2
3	2		4			7	5	9
			3	7	2			
8						1		4
6								
			9	8	2		1	
		5	6			9	2	7
	9	3		1			4	

Puzzle 6

3	7						2	
	9		3	6				
5	8	1	9	7		6		3
9	1				4		8	6
		3	6		5			
		5			9	4	3	
4		8	1		6	3		
6	3	9	8	4		2		5
1	2			9	3			4

Puzzle 1

			3			5		
3		7					1	
		1		7	3	6	2	
		8		6			5	
9	1	3	4		5		6	
6		5		7		4		
		6	5	4		8		
7		6						

Puzzle 2

	7	5			6	3		
	8				4	2		3
		9			7	8		6
		4					6	7
		7	4		5			9
		2		7				8
					2	9		
	9				5	6	4	2
6			7				3	

Puzzle 3

		4			9			
		5	8		4			6
7	5							
		8	3					9
	1	2			8	3	4	
				9	2	1		
		8	7		6		9	1
		1			7			5
5			9					2

Puzzle 4

6		1			7			4
		4		9		3		
							5	
			2		8	1	7	
5			3					
				4				
7	5				4			2
	2				9			
9						7	8	1

Puzzle 5

		3						5
	4		2	7				
9	5			4	6	2	8	
3		4						
							6	
	1			8				
			1		4		9	
	1			2	7			8
				6		4		

Puzzle 6

3	4	1			9	2		
					3		2	6
2		6	1	5	7	9	3	4
7				6				
						4	8	3
				2		6		5
1				7			4	6
4	9	7	5				2	
		6		3	2	4	1	9

Solutions

Grid 1

9	7	4	8	2	1	5	6	3
8	6	5	7	3	9	1	4	2
1	3	2	4	5	6	8	9	7
5	8	1	3	4	2	9	7	6
3	2	6	5	9	7	4	1	8
4	9	7	6	1	8	3	2	5
6	5	9	2	8	4	7	3	1
2	1	8	9	7	3	6	5	4
7	4	3	1	6	5	2	8	9

Grid 2

3	9	5	1	8	2	7	4	6
6	8	7	4	3	9	5	1	2
1	4	2	7	5	6	8	3	9
9	6	1	8	4	3	2	5	7
2	3	8	5	6	7	4	9	1
7	5	4	2	9	1	3	6	8
5	2	6	3	1	8	9	7	4
8	1	3	9	7	4	6	2	5
4	7	9	6	2	5	1	8	3

Grid 3

4	5	9	6	3	8	1	7	2
2	1	6	9	4	7	8	5	3
3	7	8	2	5	1	9	6	4
9	4	2	1	8	5	7	3	6
1	8	7	4	6	3	2	9	5
5	6	3	7	2	9	4	8	1
6	3	1	8	7	4	5	2	9
7	2	4	5	9	6	3	1	8
8	9	5	3	1	2	6	4	7

Grid 4

3	1	6	2	9	8	7	5	4
9	4	8	5	7	1	3	6	2
7	2	5	3	4	6	9	1	8
8	3	9	7	6	5	4	2	1
6	7	2	4	1	3	8	9	5
4	5	1	9	8	2	6	7	3
5	8	3	6	2	9	1	4	7
2	6	4	1	3	7	5	8	9
1	9	7	8	5	4	2	3	6

Grid 5

6	1	2	3	4	9	7	5	8
8	5	9	2	1	7	3	4	6
7	3	4	6	8	5	2	9	1
3	9	6	5	2	8	4	1	7
5	8	1	7	6	4	9	3	2
2	4	7	9	3	1	8	6	5
1	2	3	4	7	6	5	8	9
9	7	8	1	5	3	6	2	4
4	6	5	8	9	2	1	7	3

Grid 6

9	6	4	3	1	8	5	2	7
7	5	1	4	9	2	3	8	6
2	3	8	5	6	7	4	9	1
8	9	7	1	3	4	6	5	2
5	1	6	8	2	9	7	3	4
3	4	2	7	5	6	9	1	8
1	2	9	6	4	3	8	7	5
6	8	3	2	7	5	1	4	9
4	7	5	9	8	1	2	6	3

Grid 1

3	1	9	2	8	6	4	5	7
4	5	8	3	9	7	2	1	6
2	6	7	4	5	1	9	3	8
7	3	4	1	6	5	8	2	9
1	8	2	7	3	9	5	6	4
5	9	6	8	2	4	1	7	3
9	7	3	5	1	8	6	4	2
6	4	1	9	7	2	3	8	5
8	2	5	6	4	3	7	9	1

Grid 2

9	8	5	1	4	7	6	3	2
2	4	6	8	5	3	7	1	9
7	3	1	2	9	6	5	8	4
6	7	3	9	1	4	8	2	5
4	5	9	3	2	8	1	6	7
1	2	8	6	7	5	9	4	3
3	9	4	5	6	1	2	7	8
5	6	7	4	8	2	3	9	1
8	1	2	7	3	9	4	5	6

Grid 3

7	2	4	9	8	5	3	1	6
5	6	1	3	7	2	8	4	9
9	3	8	4	6	1	7	5	2
6	7	9	1	2	3	4	8	5
8	1	2	7	5	4	9	6	3
4	5	3	8	9	6	2	7	1
1	9	6	2	4	8	5	3	7
2	8	5	6	3	7	1	9	4
3	4	7	5	1	9	6	2	8

Grid 4

3	9	7	4	5	1	8	2	6
5	6	1	8	2	3	9	7	4
8	4	2	6	7	9	1	3	5
6	5	3	9	8	2	4	1	7
2	7	8	3	1	4	5	6	9
4	1	9	5	6	7	2	8	3
1	2	5	7	9	6	3	4	8
7	8	4	1	3	5	6	9	2
9	3	6	2	4	8	7	5	1

Grid 5

1	2	3	6	7	8	9	4	5
8	6	4	5	2	9	1	3	7
7	5	9	3	4	1	2	6	8
2	8	7	4	9	5	3	1	6
4	3	1	7	8	6	5	2	9
5	9	6	2	1	3	8	7	4
6	1	8	9	3	7	4	5	2
9	7	2	1	5	4	6	8	3
3	4	5	8	6	2	7	9	1

Grid 6

8	1	7	6	4	2	9	5	3
9	6	4	8	5	3	7	2	1
3	5	2	9	1	7	4	6	8
7	8	9	2	6	5	1	3	4
1	3	5	7	9	4	6	8	2
4	2	6	3	8	1	5	9	7
2	9	3	4	7	6	8	1	5
6	4	1	5	3	8	2	7	9
5	7	8	1	2	9	3	4	6

5	3	7	9	6	8	2	1	4
2	8	6	5	4	1	9	3	7
9	1	4	3	7	2	6	5	8
6	9	8	2	5	3	4	7	1
4	2	3	7	1	6	8	9	5
7	5	1	4	8	9	3	2	6
8	4	2	1	9	5	7	6	3
3	6	5	8	2	7	1	4	9
1	7	9	6	3	4	5	8	2

1	9	2	7	3	4	8	6	5
6	3	5	9	2	8	4	1	7
7	8	4	6	5	1	2	3	9
8	2	6	1	9	3	5	7	4
5	7	1	4	8	6	9	2	3
9	4	3	5	7	2	1	8	6
2	6	7	8	4	9	3	5	1
3	1	9	2	6	5	7	4	8
4	5	8	3	1	7	6	9	2

7	9	3	4	6	2	1	5	8
2	1	4	5	9	8	6	7	3
6	5	8	1	7	3	4	2	9
3	6	9	8	2	7	5	4	1
5	8	7	3	1	4	9	6	2
4	2	1	6	5	9	3	8	7
1	3	5	2	8	6	7	9	4
8	7	6	9	4	1	2	3	5
9	4	2	7	3	5	8	1	6

9	5	3	4	2	7	1	8	6
4	8	7	1	9	6	3	5	2
1	2	6	8	5	3	7	9	4
3	4	9	2	1	8	5	6	7
2	6	5	3	7	9	8	4	1
8	7	1	6	4	5	2	3	9
5	1	8	9	6	2	4	7	3
6	3	2	7	8	4	9	1	5
7	9	4	5	3	1	6	2	8

8	6	5	3	1	9	2	4	7
4	3	1	2	7	8	6	9	5
9	2	7	5	6	4	3	1	8
5	8	3	9	2	1	4	7	6
7	4	2	6	8	5	1	3	9
6	1	9	7	4	3	5	8	2
3	7	8	1	5	2	9	6	4
1	5	6	4	9	7	8	2	3
2	9	4	8	3	6	7	5	1

4	7	5	1	8	9	6	3	2
8	3	2	7	6	4	1	9	5
6	1	9	5	2	3	4	8	7
7	5	4	2	3	8	9	6	1
1	9	8	6	7	5	2	4	3
3	2	6	9	4	1	7	5	8
9	8	3	4	1	2	5	7	6
2	4	7	8	5	6	3	1	9
5	6	1	3	9	7	8	2	4

Grid 1

1	5	7	2	3	4	6	8	9
3	4	6	7	8	9	2	5	1
9	2	8	6	1	5	7	3	4
2	7	1	8	6	3	4	9	5
4	3	9	1	5	7	8	2	6
8	6	5	4	9	2	3	1	7
6	8	4	9	2	1	5	7	3
7	1	3	5	4	8	9	6	2
5	9	2	3	7	6	1	4	8

Grid 2

2	1	4	9	8	6	5	7	3
7	3	6	5	2	4	1	9	8
9	5	8	1	7	3	4	6	2
3	2	5	8	6	1	7	4	9
6	8	9	7	4	5	2	3	1
1	4	7	3	9	2	6	8	5
8	9	2	4	5	7	3	1	6
4	6	1	2	3	9	8	5	7
5	7	3	6	1	8	9	2	4

Grid 3

3	5	9	2	4	7	6	8	1
7	8	6	1	3	9	2	4	5
1	2	4	5	6	8	7	3	9
5	1	3	8	2	6	4	9	7
2	4	7	9	1	5	8	6	3
6	9	8	3	7	4	1	5	2
4	3	1	6	9	2	5	7	8
8	6	2	7	5	3	9	1	4
9	7	5	4	8	1	3	2	6

Grid 4

7	8	5	3	4	9	1	6	2
9	3	2	7	6	1	8	5	4
6	1	4	8	2	5	3	9	7
1	9	6	4	3	7	5	2	8
3	4	8	5	9	2	7	1	6
5	2	7	1	8	6	9	4	3
4	7	9	6	5	3	2	8	1
2	6	3	9	1	8	4	7	5
8	5	1	2	7	4	6	3	9

Grid 5

7	1	9	3	5	6	2	4	8
4	3	5	9	2	8	6	1	7
6	8	2	1	4	7	9	5	3
2	9	6	5	8	1	3	7	4
1	4	3	2	7	9	5	8	6
8	5	7	4	6	3	1	9	2
9	2	1	8	3	4	7	6	5
5	6	8	7	9	2	4	3	1
3	7	4	6	1	5	8	2	9

Grid 6

5	6	2	9	4	3	8	1	7
7	4	9	8	1	5	2	3	6
1	3	8	2	6	7	5	4	9
4	9	5	6	8	1	3	7	2
2	7	3	4	5	9	1	6	8
6	8	1	7	3	2	9	5	4
8	5	7	1	2	6	4	9	3
3	2	6	5	9	4	7	8	1
9	1	4	3	7	8	6	2	5

4	6	7	5	1	8	3	2	9
8	1	2	4	3	9	6	5	7
5	9	3	6	2	7	8	1	4
1	8	6	2	4	3	9	7	5
3	5	9	8	7	1	4	6	2
2	7	4	9	6	5	1	8	3
9	2	5	1	8	4	7	3	6
6	3	1	7	9	2	5	4	8
7	4	8	3	5	6	2	9	1

5	3	9	8	1	4	7	2	6
2	7	8	6	5	9	4	1	3
4	6	1	2	7	3	5	9	8
8	2	6	9	4	5	3	7	1
1	5	4	7	3	2	8	6	9
3	9	7	1	8	6	2	5	4
6	4	2	3	9	7	1	8	5
7	1	5	4	6	8	9	3	2
9	8	3	5	2	1	6	4	7

4	1	3	8	5	9	7	2	6
9	6	7	2	4	3	1	8	5
2	5	8	1	6	7	9	3	4
8	3	9	4	1	6	2	5	7
1	4	6	7	2	5	8	9	3
7	2	5	9	3	8	4	6	1
5	9	4	3	8	1	6	7	2
6	8	1	5	7	2	3	4	9
3	7	2	6	9	4	5	1	8

4	7	2	6	1	8	9	5	3
5	9	6	7	3	2	1	4	8
1	3	8	5	4	9	7	6	2
7	1	4	3	8	6	2	9	5
8	5	9	2	7	1	4	3	6
2	6	3	9	5	4	8	7	1
9	4	5	8	2	3	6	1	7
3	2	1	4	6	7	5	8	9
6	8	7	1	9	5	3	2	4

6	9	4	2	7	8	3	1	5
1	3	2	6	5	4	9	7	8
8	7	5	1	3	9	2	6	4
4	6	1	8	9	3	7	5	2
9	5	8	4	2	7	1	3	6
3	2	7	5	1	6	4	8	9
7	8	3	9	6	2	5	4	1
2	1	6	3	4	5	8	9	7
5	4	9	7	8	1	6	2	3

7	4	3	5	6	1	8	2	9
8	2	6	9	3	7	4	1	5
9	1	5	4	2	8	7	3	6
6	9	1	2	8	5	3	7	4
3	8	4	6	7	9	2	5	1
5	7	2	3	1	4	9	6	8
4	3	9	1	5	2	6	8	7
2	5	7	8	9	6	1	4	3
1	6	8	7	4	3	5	9	2

2	7	1	9	4	3	6	8	5
6	9	8	7	2	5	1	3	4
3	4	5	6	8	1	2	9	7
4	2	9	8	7	6	3	5	1
8	1	3	2	5	4	9	7	6
5	6	7	1	3	9	8	4	2
9	3	2	4	6	7	5	1	8
1	8	4	5	9	2	7	6	3
7	5	6	3	1	8	4	2	9

5	6	1	2	3	7	4	8	9
9	7	2	5	8	4	1	6	3
3	8	4	6	9	1	2	5	7
2	9	5	1	7	3	8	4	6
7	1	8	4	5	6	9	3	2
4	3	6	9	2	8	5	7	1
8	2	9	3	6	5	7	1	4
1	5	3	7	4	2	6	9	8
6	4	7	8	1	9	3	2	5

2	5	8	3	7	9	4	6	1
7	6	1	2	4	8	9	3	5
9	4	3	1	5	6	8	2	7
1	2	5	7	6	4	3	8	9
3	9	4	5	8	2	7	1	6
8	7	6	9	3	1	5	4	2
4	1	7	8	2	5	6	9	3
6	3	9	4	1	7	2	5	8
5	8	2	6	9	3	1	7	4

6	5	2	8	4	9	3	7	1
9	8	1	7	2	3	5	4	6
7	4	3	6	1	5	8	9	2
3	1	4	2	9	7	6	8	5
8	9	5	1	6	4	7	2	3
2	6	7	3	5	8	4	1	9
4	7	6	9	3	1	2	5	8
1	3	8	5	7	2	9	6	4
5	2	9	4	8	6	1	3	7

9	7	1	6	3	8	2	5	4
5	2	8	1	4	7	6	3	9
4	6	3	9	2	5	7	8	1
3	4	9	7	5	1	8	6	2
8	5	7	2	9	6	1	4	3
6	1	2	4	8	3	9	7	5
2	8	4	5	6	9	3	1	7
1	3	5	8	7	2	4	9	6
7	9	6	3	1	4	5	2	8

9	2	5	3	8	1	7	4	6
1	8	6	5	7	4	2	3	9
4	7	3	2	6	9	1	8	5
8	1	2	6	3	5	9	7	4
5	3	9	4	2	7	8	6	1
6	4	7	1	9	8	3	5	2
7	6	1	9	4	3	5	2	8
2	9	8	7	5	6	4	1	3
3	5	4	8	1	2	6	9	7

8	7	5	1	9	6	4	2	3
4	2	6	3	8	5	1	7	9
1	3	9	4	7	2	5	6	8
5	8	4	2	6	9	7	3	1
3	9	2	7	4	1	8	5	6
7	6	1	8	5	3	9	4	2
2	4	7	6	1	8	3	9	5
6	5	8	9	3	4	2	1	7
9	1	3	5	2	7	6	8	4

3	2	7	5	6	9	4	8	1
1	9	5	4	8	2	7	3	6
8	4	6	7	1	3	9	2	5
9	5	8	3	2	4	1	6	7
4	6	3	1	7	8	2	5	9
2	7	1	6	9	5	8	4	3
5	3	9	8	4	1	6	7	2
6	8	2	9	5	7	3	1	4
7	1	4	2	3	6	5	9	8

7	4	1	3	9	5	2	8	6
5	2	8	6	4	1	3	9	7
9	6	3	8	7	2	1	4	5
1	7	9	2	8	3	5	6	4
4	5	2	9	1	6	8	7	3
8	3	6	7	5	4	9	1	2
3	1	7	5	6	9	4	2	8
6	9	5	4	2	8	7	3	1
2	8	4	1	3	7	6	5	9

1	5	6	4	7	3	9	8	2
8	2	4	9	1	5	7	6	3
3	7	9	2	8	6	4	1	5
6	8	3	1	2	4	5	9	7
2	1	5	7	6	9	8	3	4
9	4	7	3	5	8	1	2	6
5	3	1	6	9	7	2	4	8
7	6	2	8	4	1	3	5	9
4	9	8	5	3	2	6	7	1

9	6	7	5	2	3	8	4	1
4	1	2	8	7	6	5	9	3
3	8	5	9	4	1	6	2	7
5	9	1	6	3	4	7	8	2
6	7	8	1	9	2	4	3	5
2	4	3	7	8	5	1	6	9
8	5	6	2	1	9	3	7	4
1	2	4	3	6	7	9	5	8
7	3	9	4	5	8	2	1	6

5	2	7	1	8	4	9	3	6
9	4	6	7	5	3	2	8	1
3	8	1	2	6	9	5	4	7
2	6	3	4	1	7	8	9	5
8	7	9	6	3	5	4	1	2
4	1	5	8	9	2	7	6	3
6	5	4	3	2	8	1	7	9
7	3	2	9	4	1	6	5	8
1	9	8	5	7	6	3	2	4

Grid 1

9	3	8	5	7	2	4	1	6
5	1	4	6	3	8	2	7	9
6	7	2	1	9	4	5	8	3
8	5	3	2	1	7	9	6	4
2	6	1	8	4	9	7	3	5
4	9	7	3	6	5	8	2	1
1	8	9	4	2	6	3	5	7
7	2	6	9	5	3	1	4	8
3	4	5	7	8	1	6	9	2

Grid 2

8	2	4	7	3	5	9	1	6
6	3	9	1	4	2	7	8	5
7	5	1	9	6	8	3	2	4
4	6	2	8	7	3	1	5	9
3	7	5	4	9	1	8	6	2
9	1	8	5	2	6	4	7	3
1	4	7	2	5	9	6	3	8
2	8	6	3	1	4	5	9	7
5	9	3	6	8	7	2	4	1

Grid 3

3	7	4	6	2	9	5	8	1
9	5	1	7	8	3	4	2	6
6	8	2	1	5	4	9	7	3
4	9	6	2	1	7	3	5	8
8	1	3	4	6	5	2	9	7
5	2	7	9	3	8	6	1	4
1	6	8	3	9	2	7	4	5
2	4	5	8	7	6	1	3	9
7	3	9	5	4	1	8	6	2

Grid 4

5	3	1	9	7	6	2	4	8
9	6	8	4	3	2	7	5	1
2	7	4	1	8	5	9	3	6
4	2	7	8	1	9	5	6	3
6	5	9	3	2	4	8	1	7
8	1	3	6	5	7	4	9	2
3	8	5	7	9	1	6	2	4
7	4	2	5	6	3	1	8	9
1	9	6	2	4	8	3	7	5

Grid 5

7	3	2	1	6	9	4	8	5
4	1	9	5	2	8	7	6	3
8	5	6	3	4	7	2	1	9
3	2	1	8	7	5	9	4	6
6	9	4	2	1	3	8	5	7
5	7	8	4	9	6	3	2	1
2	4	7	9	5	1	6	3	8
9	8	5	6	3	4	1	7	2
1	6	3	7	8	2	5	9	4

Grid 6

2	8	6	3	9	4	1	7	5
4	9	5	7	1	6	8	2	3
1	7	3	8	5	2	9	6	4
7	4	8	9	3	1	6	5	2
5	1	2	4	6	8	7	3	9
6	3	9	5	2	7	4	1	8
9	6	7	2	8	5	3	4	1
8	2	4	1	7	3	5	9	6
3	5	1	6	4	9	2	8	7

9	4	6	7	5	2	8	3	1
8	1	3	4	6	9	2	5	7
7	5	2	3	1	8	9	6	4
5	9	1	2	3	4	7	8	6
6	7	4	5	8	1	3	9	2
3	2	8	9	7	6	4	1	5
2	3	9	1	4	5	6	7	8
4	8	5	6	9	7	1	2	3
1	6	7	8	2	3	5	4	9

1	4	8	9	7	6	3	5	2
7	5	3	2	4	8	1	6	9
2	6	9	3	1	5	7	4	8
8	1	2	4	9	3	6	7	5
6	7	4	8	5	1	2	9	3
3	9	5	6	2	7	8	1	4
9	2	7	1	3	4	5	8	6
5	3	6	7	8	9	4	2	1
4	8	1	5	6	2	9	3	7

5	7	6	9	8	3	1	4	2
4	9	2	5	1	6	8	3	7
8	3	1	4	7	2	6	5	9
2	6	5	8	3	4	9	7	1
3	8	7	2	9	1	5	6	4
1	4	9	6	5	7	2	8	3
6	1	8	7	4	9	3	2	5
7	2	3	1	6	5	4	9	8
9	5	4	3	2	8	7	1	6

2	9	7	1	8	4	3	6	5
6	5	3	9	7	2	4	1	8
1	8	4	3	6	5	9	7	2
4	2	1	6	9	7	5	8	3
8	7	6	2	5	3	1	4	9
9	3	5	8	4	1	7	2	6
5	4	8	7	3	6	2	9	1
3	6	2	4	1	9	8	5	7
7	1	9	5	2	8	6	3	4

3	4	5	2	9	8	6	1	7
2	9	7	1	6	3	5	8	4
6	8	1	7	5	4	9	2	3
9	7	8	3	1	5	4	6	2
5	6	4	9	2	7	1	3	8
1	2	3	8	4	6	7	9	5
7	3	6	5	8	9	2	4	1
4	5	2	6	3	1	8	7	9
8	1	9	4	7	2	3	5	6

5	2	9	8	6	7	4	1	3
7	3	4	5	1	2	9	8	6
1	8	6	9	4	3	2	7	5
6	4	2	3	7	5	8	9	1
8	1	5	2	9	6	7	3	4
3	9	7	4	8	1	5	6	2
4	7	1	6	5	9	3	2	8
9	5	3	1	2	8	6	4	7
2	6	8	7	3	4	1	5	9

3	7	1	9	6	5	2	8	4
4	8	9	1	2	3	5	7	6
6	2	5	4	8	7	1	9	3
9	4	3	8	1	6	7	5	2
2	1	6	7	5	9	3	4	8
8	5	7	2	3	4	9	6	1
7	3	8	5	4	1	6	2	9
5	6	2	3	9	8	4	1	7
1	9	4	6	7	2	8	3	5

2	8	4	1	5	3	7	6	9
5	9	7	6	4	8	3	2	1
3	1	6	2	7	9	5	8	4
6	7	3	8	9	5	4	1	2
9	2	5	7	1	4	6	3	8
1	4	8	3	2	6	9	5	7
8	5	2	4	6	7	1	9	3
4	3	9	5	8	1	2	7	6
7	6	1	9	3	2	8	4	5

8	2	6	1	5	9	3	4	7
5	4	1	7	2	3	8	9	6
9	3	7	6	4	8	1	2	5
6	8	2	5	3	4	9	7	1
4	7	3	9	1	6	5	8	2
1	5	9	8	7	2	6	3	4
7	6	4	3	9	5	2	1	8
3	1	8	2	6	7	4	5	9
2	9	5	4	8	1	7	6	3

3	6	5	8	4	7	1	2	9
1	4	8	2	9	3	6	5	7
9	2	7	1	5	6	3	8	4
4	9	6	5	3	8	2	7	1
2	8	3	4	7	1	9	6	5
7	5	1	9	6	2	4	3	8
5	3	9	7	2	4	8	1	6
6	1	4	3	8	5	7	9	2
8	7	2	6	1	9	5	4	3

7	8	6	9	4	3	5	1	2
1	2	3	6	7	5	4	9	8
9	5	4	8	1	2	7	3	6
6	1	8	3	2	7	9	5	4
4	7	5	1	9	6	2	8	3
2	3	9	5	8	4	6	7	1
5	9	1	2	6	8	3	4	7
3	4	2	7	5	1	8	6	9
8	6	7	4	3	9	1	2	5

3	4	9	8	7	1	6	5	2
1	2	5	6	3	4	8	9	7
6	7	8	2	5	9	1	4	3
4	3	6	5	8	7	9	2	1
7	8	1	3	9	2	5	6	4
5	9	2	1	4	6	7	3	8
9	1	4	7	6	3	2	8	5
2	5	3	9	1	8	4	7	6
8	6	7	4	2	5	3	1	9

Grid 1

1	5	4	8	6	2	9	3	7
8	9	2	7	4	3	5	6	1
7	6	3	1	9	5	2	4	8
2	8	1	4	3	7	6	9	5
9	4	7	2	5	6	1	8	3
6	3	5	9	1	8	4	7	2
3	1	8	6	2	4	7	5	9
4	7	9	5	8	1	3	2	6
5	2	6	3	7	9	8	1	4

Grid 2

4	6	3	1	2	7	5	9	8
8	5	1	4	3	9	7	6	2
9	7	2	5	8	6	1	4	3
7	4	9	6	1	3	8	2	5
5	3	8	9	7	2	6	1	4
1	2	6	8	4	5	9	3	7
6	8	7	3	9	4	2	5	1
2	9	4	7	5	1	3	8	6
3	1	5	2	6	8	4	7	9

Grid 3

2	4	6	7	8	9	5	1	3
8	1	7	5	3	2	9	6	4
9	5	3	1	4	6	2	8	7
7	2	4	9	1	8	3	5	6
5	6	8	2	7	3	4	9	1
1	3	9	4	6	5	7	2	8
4	7	5	8	2	1	6	3	9
3	8	2	6	9	4	1	7	5
6	9	1	3	5	7	8	4	2

Grid 4

8	7	9	4	1	5	3	2	6
4	6	3	2	8	7	1	9	5
2	1	5	9	6	3	4	8	7
9	8	7	3	2	1	5	6	4
1	5	4	7	9	6	2	3	8
6	3	2	5	4	8	9	7	1
5	9	6	8	3	4	7	1	2
3	4	1	6	7	2	8	5	9
7	2	8	1	5	9	6	4	3

Grid 5

5	6	8	4	1	2	7	3	9
1	7	2	9	3	5	6	8	4
4	3	9	6	7	8	5	2	1
2	4	3	7	9	6	8	1	5
8	9	6	1	5	4	3	7	2
7	5	1	2	8	3	9	4	6
9	2	5	3	4	7	1	6	8
6	8	7	5	2	1	4	9	3
3	1	4	8	6	9	2	5	7

Grid 6

9	8	5	2	7	1	4	6	3
6	1	7	8	3	4	2	5	9
2	3	4	6	9	5	1	7	8
5	7	6	3	8	2	9	4	1
8	4	1	9	5	6	7	3	2
3	2	9	1	4	7	6	8	5
1	9	8	4	6	3	5	2	7
4	5	2	7	1	8	3	9	6
7	6	3	5	2	9	8	1	4

8	2	4	3	1	6	7	5	9
6	9	7	5	8	4	2	3	1
5	3	1	2	7	9	8	6	4
4	6	2	9	3	1	5	8	7
7	5	9	6	2	8	1	4	3
1	8	3	7	4	5	9	2	6
2	4	6	1	5	7	3	9	8
3	1	8	4	9	2	6	7	5
9	7	5	8	6	3	4	1	2

6	8	1	9	3	2	5	4	7
9	7	5	4	1	8	3	2	6
4	3	2	6	5	7	1	8	9
7	1	6	8	9	5	4	3	2
2	4	9	1	6	3	7	5	8
3	5	8	7	2	4	9	6	1
5	9	3	2	8	1	6	7	4
1	2	7	5	4	6	8	9	3
8	6	4	3	7	9	2	1	5

1	8	2	7	9	4	3	6	5
6	3	9	8	2	5	4	7	1
5	4	7	3	6	1	2	9	8
4	7	5	2	3	8	9	1	6
9	6	1	5	4	7	8	2	3
8	2	3	9	1	6	5	4	7
7	1	8	4	5	9	6	3	2
3	9	6	1	8	2	7	5	4
2	5	4	6	7	3	1	8	9

9	4	1	6	7	8	3	2	5
3	7	6	5	2	9	8	1	4
5	8	2	3	4	1	9	7	6
7	2	4	8	3	5	6	9	1
6	5	8	1	9	2	4	3	7
1	9	3	7	6	4	2	5	8
2	1	5	9	8	6	7	4	3
8	3	9	4	1	7	5	6	2
4	6	7	2	5	3	1	8	9

1	5	7	6	2	8	4	9	3
9	8	4	1	7	3	6	2	5
2	6	3	9	5	4	8	7	1
3	1	8	5	9	6	2	4	7
5	9	2	4	3	7	1	6	8
7	4	6	2	8	1	3	5	9
4	3	1	7	6	9	5	8	2
8	7	5	3	4	2	9	1	6
6	2	9	8	1	5	7	3	4

6	5	2	7	1	4	3	8	9
7	3	9	8	6	5	4	2	1
1	4	8	2	3	9	7	5	6
5	8	6	9	4	1	2	3	7
9	1	4	3	7	2	5	6	8
3	2	7	5	8	6	1	9	4
8	9	3	1	2	7	6	4	5
2	6	1	4	5	8	9	7	3
4	7	5	6	9	3	8	1	2

Grid 1

7	2	6	3	1	8	4	5	9
1	5	9	7	6	4	8	2	3
3	4	8	9	5	2	7	1	6
4	9	5	2	3	6	1	8	7
8	3	1	4	7	9	5	6	2
6	7	2	5	8	1	3	9	4
9	1	7	8	2	3	6	4	5
5	6	4	1	9	7	2	3	8
2	8	3	6	4	5	9	7	1

Grid 2

6	2	3	1	4	5	9	8	7
5	7	8	2	6	9	1	3	4
9	1	4	7	3	8	5	2	6
8	9	6	5	2	7	4	1	3
2	3	5	6	1	4	7	9	8
1	4	7	9	8	3	2	6	5
3	5	1	4	9	6	8	7	2
7	6	2	8	5	1	3	4	9
4	8	9	3	7	2	6	5	1

Grid 3

5	6	8	7	4	1	2	3	9
3	4	1	8	9	2	7	6	5
9	7	2	3	6	5	1	8	4
7	3	4	6	2	9	5	1	8
8	5	6	1	3	4	9	7	2
2	1	9	5	7	8	6	4	3
6	2	5	4	1	3	8	9	7
1	9	3	2	8	7	4	5	6
4	8	7	9	5	6	3	2	1

Grid 4

2	6	5	7	4	9	3	1	8
9	1	7	8	5	3	4	2	6
8	4	3	1	6	2	7	9	5
7	8	2	3	1	5	6	4	9
3	5	6	9	8	4	1	7	2
1	9	4	6	2	7	8	5	3
5	7	1	2	3	8	9	6	4
4	3	9	5	7	6	2	8	1
6	2	8	4	9	1	5	3	7

Grid 5

8	9	5	6	3	7	1	2	4
1	4	7	2	8	5	6	3	9
3	6	2	4	9	1	7	8	5
5	3	4	8	1	9	2	7	6
2	8	6	7	4	3	9	5	1
7	1	9	5	6	2	8	4	3
6	7	3	1	2	4	5	9	8
4	2	8	9	5	6	3	1	7
9	5	1	3	7	8	4	6	2

Grid 6

7	6	5	1	4	3	9	2	8
1	4	8	6	2	9	5	3	7
9	2	3	5	8	7	6	1	4
8	7	1	4	9	6	2	5	3
6	9	2	7	3	5	4	8	1
5	3	4	2	1	8	7	6	9
3	5	9	8	6	4	1	7	2
2	8	7	9	5	1	3	4	6
4	1	6	3	7	2	8	9	5

Grid 1

7	8	6	1	9	2	3	4	5
9	5	2	4	6	3	8	7	1
1	3	4	8	5	7	6	9	2
6	4	3	7	8	1	2	5	9
8	1	7	9	2	5	4	6	3
5	2	9	3	4	6	7	1	8
2	6	8	5	1	4	9	3	7
4	7	1	2	3	9	5	8	6
3	9	5	6	7	8	1	2	4

Grid 2

4	3	2	9	5	8	1	7	6
8	6	9	1	7	4	5	2	3
7	1	5	6	3	2	4	8	9
1	5	8	4	2	9	3	6	7
2	4	3	8	6	7	9	1	5
9	7	6	3	1	5	8	4	2
3	2	7	5	4	1	6	9	8
6	8	1	2	9	3	7	5	4
5	9	4	7	8	6	2	3	1

Grid 3

2	1	6	4	9	5	7	8	3
5	7	8	3	6	2	4	1	9
3	4	9	7	1	8	6	2	5
6	9	7	8	3	1	2	5	4
1	8	2	6	5	4	9	3	7
4	3	5	9	2	7	8	6	1
7	5	1	2	4	6	3	9	8
9	6	4	1	8	3	5	7	2
8	2	3	5	7	9	1	4	6

Grid 4

2	8	3	5	6	1	7	9	4
1	9	6	4	3	7	5	2	8
5	4	7	9	8	2	6	3	1
8	1	9	6	2	5	4	7	3
7	3	2	8	1	4	9	5	6
4	6	5	3	7	9	8	1	2
3	7	4	1	9	6	2	8	5
9	5	1	2	4	8	3	6	7
6	2	8	7	5	3	1	4	9

Grid 5

6	9	1	7	8	2	5	3	4
5	2	4	9	3	1	8	6	7
3	8	7	6	5	4	9	2	1
8	6	2	5	7	3	1	4	9
1	7	3	2	4	9	6	8	5
9	4	5	1	6	8	2	7	3
2	3	6	4	1	5	7	9	8
7	1	8	3	9	6	4	5	2
4	5	9	8	2	7	3	1	6

Grid 6

3	2	5	8	4	7	9	1	6
6	1	7	5	2	9	4	3	8
4	9	8	3	6	1	2	5	7
1	8	4	2	9	6	5	7	3
2	5	3	1	7	8	6	4	9
9	7	6	4	5	3	1	8	2
7	3	2	6	1	4	8	9	5
5	4	9	7	8	2	3	6	1
8	6	1	9	3	5	7	2	4

5	3	1	4	2	9	6	7	8
4	6	9	3	8	7	1	5	2
8	2	7	1	6	5	9	3	4
3	7	8	9	4	1	2	6	5
9	4	2	7	5	6	8	1	3
1	5	6	8	3	2	7	4	9
7	8	3	2	1	4	5	9	6
2	1	5	6	9	3	4	8	7
6	9	4	5	7	8	3	2	1

5	3	6	1	9	2	4	8	7
2	8	4	7	3	5	9	6	1
1	9	7	6	4	8	3	5	2
7	4	8	2	1	3	5	9	6
3	1	5	8	6	9	7	2	4
6	2	9	4	5	7	8	1	3
8	6	3	9	2	4	1	7	5
4	7	1	5	8	6	2	3	9
9	5	2	3	7	1	6	4	8

3	8	2	4	6	5	1	7	9
4	1	6	9	7	3	2	5	8
9	5	7	1	2	8	3	4	6
1	6	4	5	9	2	7	8	3
5	3	9	7	8	6	4	1	2
2	7	8	3	1	4	9	6	5
7	2	3	6	5	1	8	9	4
6	4	1	8	3	9	5	2	7
8	9	5	2	4	7	6	3	1

6	7	9	4	5	1	2	8	3
1	2	5	7	8	3	6	4	9
4	3	8	9	6	2	5	1	7
2	6	4	8	7	5	3	9	1
9	8	1	2	3	4	7	5	6
3	5	7	6	1	9	4	2	8
5	9	6	1	2	7	8	3	4
8	4	2	3	9	6	1	7	5
7	1	3	5	4	8	9	6	2

4	2	5	7	1	8	3	9	6
6	9	7	2	3	5	8	4	1
1	8	3	6	9	4	2	7	5
9	6	1	5	8	2	7	3	4
8	5	4	9	7	3	6	1	2
3	7	2	4	6	1	9	5	8
5	3	6	1	2	7	4	8	9
7	1	9	8	4	6	5	2	3
2	4	8	3	5	9	1	6	7

7	4	8	6	3	1	2	9	5
2	3	5	4	9	7	6	1	8
6	9	1	8	2	5	4	3	7
3	2	4	5	6	9	8	7	1
1	7	9	3	8	2	5	4	6
8	5	6	7	1	4	9	2	3
9	1	7	2	5	6	3	8	4
5	8	2	1	4	3	7	6	9
4	6	3	9	7	8	1	5	2

Grid 1

7	8	5	1	2	9	4	3	6
2	1	6	4	3	5	9	8	7
3	4	9	6	7	8	5	1	2
1	6	8	2	9	4	7	5	3
9	7	2	3	5	6	8	4	1
5	3	4	7	8	1	6	2	9
4	9	7	5	1	2	3	6	8
8	5	1	9	6	3	2	7	4
6	2	3	8	4	7	1	9	5

Grid 2

2	5	1	3	6	4	9	8	7
8	9	3	2	5	7	6	1	4
7	4	6	1	9	8	5	2	3
4	1	9	6	3	2	7	5	8
5	2	7	4	8	1	3	9	6
3	6	8	9	7	5	2	4	1
1	3	4	5	2	6	8	7	9
9	8	5	7	4	3	1	6	2
6	7	2	8	1	9	4	3	5

Grid 3

1	4	7	9	3	8	6	2	5
2	9	8	6	5	7	4	3	1
6	3	5	1	2	4	8	7	9
5	7	2	4	1	3	9	8	6
9	6	4	8	7	2	1	5	3
8	1	3	5	6	9	7	4	2
3	5	1	7	4	6	2	9	8
4	2	9	3	8	1	5	6	7
7	8	6	2	9	5	3	1	4

Grid 4

4	8	9	6	7	3	1	2	5
3	5	6	4	1	2	9	7	8
2	7	1	8	9	5	6	3	4
7	6	3	5	2	4	8	1	9
5	2	8	9	3	1	7	4	6
9	1	4	7	6	8	2	5	3
8	3	2	1	5	9	4	6	7
6	9	5	2	4	7	3	8	1
1	4	7	3	8	6	5	9	2

Grid 5

2	8	6	5	9	4	1	7	3
1	3	4	2	7	6	8	5	9
7	9	5	8	3	1	2	4	6
9	5	2	7	1	8	6	3	4
8	6	1	3	4	5	7	9	2
3	4	7	9	6	2	5	8	1
5	2	9	1	8	3	4	6	7
6	7	8	4	2	9	3	1	5
4	1	3	6	5	7	9	2	8

Grid 6

5	3	6	8	4	7	2	9	1
8	7	2	1	9	6	4	5	3
9	1	4	2	5	3	7	6	8
2	4	7	9	3	5	1	8	6
3	6	9	4	8	1	5	2	7
1	5	8	6	7	2	9	3	4
7	2	1	5	6	8	3	4	9
4	8	3	7	2	9	6	1	5
6	9	5	3	1	4	8	7	2

Grid 1

5	8	3	2	4	6	1	9	7
4	7	1	3	9	8	5	2	6
2	9	6	5	7	1	4	3	8
1	6	9	7	3	2	8	4	5
3	5	8	4	6	9	2	7	1
7	4	2	1	8	5	9	6	3
8	3	4	9	5	7	6	1	2
9	2	5	6	1	3	7	8	4
6	1	7	8	2	4	3	5	9

Grid 2

2	5	1	4	3	9	8	7	6
6	3	9	8	5	7	1	4	2
7	8	4	6	2	1	5	9	3
4	2	5	1	6	3	9	8	7
3	7	8	9	4	5	2	6	1
9	1	6	7	8	2	3	5	4
5	4	2	3	9	6	7	1	8
1	6	3	5	7	8	4	2	9
8	9	7	2	1	4	6	3	5

Grid 3

5	2	1	7	3	9	6	8	4
3	4	6	1	8	5	2	7	9
7	8	9	4	6	2	1	3	5
8	3	5	2	7	4	9	1	6
1	7	4	3	9	6	8	5	2
6	9	2	5	1	8	7	4	3
4	1	8	9	2	3	5	6	7
2	5	7	6	4	1	3	9	8
9	6	3	8	5	7	4	2	1

Grid 4

7	4	9	8	2	1	3	6	5
5	2	8	6	4	3	7	9	1
1	6	3	5	9	7	4	8	2
4	1	2	9	8	5	6	3	7
8	3	5	1	7	6	9	2	4
6	9	7	2	3	4	5	1	8
3	8	6	7	5	2	1	4	9
2	7	1	4	6	9	8	5	3
9	5	4	3	1	8	2	7	6

Grid 5

4	9	6	1	8	3	7	2	5
2	7	8	6	9	5	4	1	3
5	3	1	7	2	4	6	8	9
6	4	7	8	1	9	5	3	2
9	8	3	5	6	2	1	4	7
1	2	5	4	3	7	8	9	6
3	6	4	9	7	1	2	5	8
7	5	2	3	4	8	9	6	1
8	1	9	2	5	6	3	7	4

Grid 6

9	2	5	7	6	4	8	1	3
6	7	8	1	2	3	5	4	9
3	4	1	5	9	8	7	6	2
7	9	2	4	8	1	6	3	5
4	1	6	9	3	5	2	7	8
5	8	3	6	7	2	1	9	4
8	5	9	3	1	6	4	2	7
2	6	7	8	4	9	3	5	1
1	3	4	2	5	7	9	8	6

9	6	3	1	2	4	7	5	8
7	4	2	3	8	5	9	6	1
8	1	5	9	6	7	2	3	4
1	5	7	6	4	8	3	2	9
6	8	9	2	5	3	1	4	7
3	2	4	7	1	9	5	8	6
4	9	8	5	3	1	6	7	2
5	7	6	4	9	2	8	1	3
2	3	1	8	7	6	4	9	5

5	9	4	7	1	2	3	6	8
3	2	8	4	6	9	5	1	7
1	6	7	5	3	8	2	4	9
4	3	9	6	8	5	1	7	2
7	5	1	3	2	4	8	9	6
2	8	6	1	9	7	4	3	5
8	4	5	9	7	3	6	2	1
6	7	3	2	5	1	9	8	4
9	1	2	8	4	6	7	5	3

5	2	4	1	8	7	3	6	9
6	9	8	5	2	3	7	1	4
3	1	7	6	4	9	8	5	2
7	6	3	4	5	2	9	8	1
9	5	1	8	3	6	2	4	7
8	4	2	7	9	1	5	3	6
2	3	5	9	6	4	1	7	8
4	7	9	3	1	8	6	2	5
1	8	6	2	7	5	4	9	3

3	8	7	9	1	5	2	6	4
6	5	2	7	3	4	1	8	9
1	9	4	8	6	2	7	5	3
4	1	6	2	5	9	8	3	7
5	7	9	6	8	3	4	1	2
2	3	8	4	7	1	5	9	6
8	2	3	5	4	6	9	7	1
7	4	1	3	9	8	6	2	5
9	6	5	1	2	7	3	4	8

1	8	9	6	2	7	4	5	3
6	5	4	1	9	3	7	2	8
7	2	3	4	5	8	1	9	6
4	7	8	9	1	2	3	6	5
3	6	1	8	4	5	9	7	2
5	9	2	7	3	6	8	1	4
2	1	7	3	6	4	5	8	9
9	3	6	5	8	1	2	4	7
8	4	5	2	7	9	6	3	1

1	4	3	6	8	2	5	9	7
9	6	5	7	1	4	3	2	8
7	8	2	5	3	9	6	4	1
5	7	1	8	9	6	2	3	4
4	2	9	3	7	5	1	8	6
6	3	8	2	4	1	7	5	9
8	1	6	4	2	3	9	7	5
2	5	7	9	6	8	4	1	3
3	9	4	1	5	7	8	6	2

Grid 1

3	6	4	7	2	5	1	8	9
8	1	2	4	6	9	5	3	7
7	9	5	8	3	1	2	6	4
4	8	3	1	7	2	9	5	6
1	2	6	5	9	4	3	7	8
9	5	7	3	8	6	4	1	2
6	7	1	2	4	3	8	9	5
5	4	9	6	1	8	7	2	3
2	3	8	9	5	7	6	4	1

Grid 2

3	9	4	7	6	5	2	8	1
2	5	8	1	9	3	6	4	7
7	6	1	8	4	2	3	9	5
9	1	7	2	5	6	4	3	8
4	3	6	9	8	7	1	5	2
8	2	5	3	1	4	9	7	6
1	7	2	5	3	9	8	6	4
5	4	9	6	2	8	7	1	3
6	8	3	4	7	1	5	2	9

Grid 3

8	9	3	5	4	1	6	2	7
6	7	5	8	2	3	1	9	4
1	4	2	6	9	7	3	8	5
2	6	7	3	8	5	9	4	1
4	5	1	2	7	9	8	3	6
9	3	8	4	1	6	5	7	2
3	1	4	9	5	2	7	6	8
7	2	9	1	6	8	4	5	3
5	8	6	7	3	4	2	1	9

Grid 4

5	3	1	8	4	9	6	7	2
9	7	4	6	2	1	3	5	8
6	2	8	5	3	7	4	9	1
1	8	6	4	9	3	7	2	5
2	5	9	1	7	6	8	3	4
7	4	3	2	8	5	9	1	6
3	6	5	9	1	8	2	4	7
8	9	2	7	5	4	1	6	3
4	1	7	3	6	2	5	8	9

Grid 5

4	5	8	2	7	9	6	3	1
9	7	6	3	5	1	4	8	2
3	2	1	4	6	8	7	5	9
5	4	9	1	3	7	2	6	8
8	3	2	5	9	6	1	7	4
6	1	7	8	2	4	5	9	3
7	6	4	9	8	2	3	1	5
1	8	5	6	4	3	9	2	7
2	9	3	7	1	5	8	4	6

Grid 6

3	7	6	4	5	1	9	2	8
2	9	4	3	6	8	7	5	1
5	8	1	9	7	2	6	4	3
9	1	2	7	3	4	5	8	6
7	4	3	6	8	5	1	9	2
8	6	5	2	1	9	4	3	7
4	5	8	1	2	6	3	7	9
6	3	9	8	4	7	2	1	5
1	2	7	5	9	3	8	6	4

Grid 1

4	6	1	9	3	2	7	5	8
3	2	7	5	6	8	9	1	4
5	9	8	1	4	7	3	6	2
2	7	4	8	9	6	1	3	5
9	1	3	4	2	5	8	7	6
6	8	5	3	7	1	4	2	9
8	5	2	7	1	9	6	4	3
1	3	9	6	5	4	2	8	7
7	4	6	2	8	3	5	9	1

Grid 2

2	7	5	8	6	3	1	9	4
1	8	6	9	4	2	7	5	3
4	3	9	5	1	7	8	2	6
3	1	4	2	9	8	5	6	7
8	6	7	4	3	5	2	1	9
9	5	2	6	7	1	3	4	8
5	4	8	3	2	9	6	7	1
7	9	3	1	5	6	4	8	2
6	2	1	7	8	4	9	3	5

Grid 3

8	6	4	1	2	7	9	5	3
1	2	9	5	8	3	4	7	6
7	5	3	6	9	4	1	2	8
4	7	2	8	3	1	5	6	9
9	1	6	2	7	5	8	3	4
3	8	5	4	6	9	2	1	7
2	4	8	7	5	6	3	9	1
6	9	1	3	4	2	7	8	5
5	3	7	9	1	8	6	4	2

Grid 4

6	3	1	8	5	7	9	2	4
5	8	4	6	9	2	3	1	7
9	2	7	4	1	3	8	5	6
3	4	9	2	6	8	1	7	5
2	5	8	3	7	1	4	6	9
7	1	6	9	4	5	2	3	8
8	7	5	1	3	4	6	9	2
1	6	2	7	8	9	5	4	3
4	9	3	5	2	6	7	8	1

Grid 5

6	2	3	8	9	1	7	4	5
1	4	8	2	7	5	9	3	6
9	5	7	3	4	6	2	8	1
3	8	4	6	5	2	1	7	9
5	9	2	7	1	3	8	6	4
7	1	6	4	8	9	5	2	3
8	7	5	1	3	4	6	9	2
4	6	1	9	2	7	3	5	8
2	3	9	5	6	8	4	1	7

Grid 6

3	4	1	6	9	2	8	5	7
9	7	5	4	3	8	2	6	1
2	8	6	1	5	7	9	3	4
7	3	4	8	6	5	1	9	2
6	5	2	9	7	1	4	8	3
8	1	9	2	4	3	6	7	5
1	2	3	7	8	9	5	4	6
4	9	7	5	1	6	3	2	8
5	6	8	3	2	4	7	1	9

www.ingramcontent.com/pod-product-compliance
Lightning Source LLC
Chambersburg PA
CBHW030523220526
45463CB00007B/2696